BEI GRIN MACHT SICH IHR WISSEN BEZAHLT

- Wir veröffentlichen Ihre Hausarbeit,
  Bachelor- und Masterarbeit

- Ihr eigenes eBook und Buch -
  weltweit in allen wichtigen Shops

- Verdienen Sie an jedem Verkauf

Jetzt bei www.GRIN.com hochladen
und kostenlos publizieren

Martin Loose

Mensch-Umwelt-System als geographisches Paradigma

Systemtheoretische und komplexitätstheoretische Ansätze

GRIN Verlag

Bibliografische Information der Deutschen Nationalbibliothek:

Die Deutsche Bibliothek verzeichnet diese Publikation in der Deutschen National-
bibliografie; detaillierte bibliografische Daten sind im Internet über http://dnb.d-
nb.de/ abrufbar.

Impressum:

Copyright © 2010 GRIN Verlag, Open Publishing GmbH
Druck und Bindung: Books on Demand GmbH, Norderstedt Germany
ISBN: 978-3-656-26248-0

Dieses Buch bei GRIN:

http://www.grin.com/de/e-book/199963/mensch-umwelt-system-als-geographisches-
paradigma

Hauptseminar „Integrative Ansätze in der Geographie"

Mensch-Umwelt-System als geographisches Paradigma: Systemtheoretische und komplexitätstheoretische Ansätze

SoSe 2010

Johannes-Gutenberg-Universität Mainz, Geographisches Institut

Martin Loose

Abgabe: 20.07.2010

Inhaltsverzeichnis

Abbildungsverzeichnis

Vorwort

Die hier vorliegende Arbeit beschäftigt sich im Rahmen des Hauptseminars „Integrative Ansätze in der Geographie" mit Systemtheorien und ihrem Integrationspotential für Physio- und Humangeographie.

Zunächst wird zur Fragestellung hingeleitet, ob systemtheoretische und komplexitätstheoretische Ansätze als mögliche Kandidaten für die theoretische Basis in der Geographie in Frage kommen, und worin ihr möglicher Nutzen für die Arbeit von Geographen und Geographinnen besteht. Einhergehend damit werden die mit den dargestellten Systemtheorien verbundenen Grundüberlegungen aufgezeigt. Im Hauptteil werden die Theorie sozialer Systeme von NIKLAS LUHMANN und die Komplexitätstheorie anhand von Schlüsselbegriffen vorgestellt. Es wird versucht die Begriffe System und Umwelt darzustellen, da sie „den Kern der theoretischen Erforschung gekoppelter sozialer und physisch-materieller Systeme [darstellen]" (DIKAU 2008: 7). Das Beispiel für eine systemtheoretische Betrachtung im Luhmann'schen Sinne bezieht sich auf die begrenzte Steuerbarkeit von Systemen und ihrem Verhalten, das Beispiel für die Anwendung einer komplexitätstheoretischen Betrachtung bezieht sich auf Planungsprozesse. Es wird jeweils das Integrationsvermögen dargestellt. Im Fazit folgt eine Zusammenstellung von möglichen Nutzen und damit verbundenen weiteren Forschungs- und Diskussionspunkten. Bei meinen Ausführungen werde ich mich hauptsächlich auf die Arbeiten der Autoren beziehen, die im Gesprächskreis „Integrative Projekte in der Geographie", ein Gemeinschaftsprojekt vom Leibnitz-Institut für Länderkunde e.V. mit dem Institut für Geographie und Regionalforschung der Universität Wien, mitwirken.

1. Systemtheorien als Ansätze einer theoretischen Basis integrativer Projekte in der Geographie?

Man spricht als Geograph häufig von Systemen; Ökosystem, Wirtschaftssystem, GIS usw. Im Alltagsverständnis des Geographen erscheint die Welt aus gekoppelten Systemen zu bestehen, sodass in diesem Sinne alles durch Wechselwirkungen miteinander verbunden ist. Ferner besteht die Meinung, dass die Systeme nach Gleichgewichtszuständen streben (EGNER 2006).

Die ersten systemtheoretischen Arbeiten entwickelten sich in den 1940er Jahren durch den Zusammenschluss der Themenfelder wie Informationstheorie, Kybernetik und Theorien der Organisation sowie der Operation. Der erste Ansatz für eine Metatheorie bildete die von BERTALANFFY entwickelte Allgemeine Systemtheorie. Seither werden systemtheoretische Begriffe in gesellschaftliche und wissenschaftliche Bereiche importiert. Wie selbstverständlich wird davon ausgegangen, dass es verschiedene Systeme mit festen Grenzen gibt, wobei die Frage der Grenzziehung keine triviale ist. Die Grenze wird von wem gezogen? Was ist die Umwelt eines Systems (EGNER 2006)?

Da systemisches Denken sowohl bei Physio- wie auch bei Humangeographen verbreitet ist, scheint es interessant sich mit der Frage zu beschäftigen, ob eine Systemtheorie als Hintergrundtheorie in Frage kommt und worin der Mehrwert für die Geographie besteht (EGNER 2006). Da eine Annäherung von Physio- und Humangeographie nur auf theoretischer Basis erfolgen kann, muss nach Anknüpfungspunkten gesucht werden, die für natur- wie sozialwissenschaftlich denkende Wissenschaftler gleichermaßen attraktiv und gewinnbringend sind (EGNER 2008d). Es wird von der These ausgegangen, „dass integrative Projekte im Rahmen einer ‚geographischen Gesellschaft-Umwelt-Forschung' nur dann realisiert werden können, wenn es gelingt, neue Hintergrundtheorien der Gesellschaft-Umwelt-Interaktion zu finden oder zu entwickeln. Dabei müsste es sich um aktuelle Theorien handeln, die eine hohe ‚Anschlussfähigkeit' an gegenwärtige Theoriesysteme der Sozial- und Naturwissenschaften aufweisen oder mit diesen zumindest kompatibel sind" (WARDENGA 2006: 18). Es bietet sich eine Chance auf eine gemeinsame Sprache durch „eine Reihe von Verallgemeinerungen und Schlüsselkonzepten der Systemperspektive" (WARDENGA 2006: 27). So kann vermieden werden, dass auf beiden Fachseiten dieselben Gegenstände unterschiedlich verstanden werden. Ferner muss für inter- und transdisziplinäre Projekte das

Wissen und Können bereitgestellt werden, um die erforderlichen Kommunikationsprozesse gestalten zu können. Es kommt demnach auch auf eine gemeinsame Problemsicht und Denkweise an, damit das Ganze mehr ist als die reine Addition der Forschungsergebnisse (EGNER 2008c).

1.1 Die Rolle des Beobachters

Damit eine gemeinsame Sprache entwickelt und ein gemeinsamer Forschungsgegenstand konstituiert werden kann, müssen die Geographen und Geographinnen noch einige Denkschritte gehen. Dazu zählt die Verabschiedung von der Auffassung, es gäbe einen statischen Punkt, von dem aus etwas grundlegend und objektiv bestimmt werden könne. Der sogenannte archimedische Punkt existiert nicht. Denn Welt kann nie als eine Einheit beobachtet werden, das bedeutet, man kann nie alles gleichzeitig beobachten. Beobachtung findet somit immer nur innerhalb von Welt statt. Es müssen folglich Grenzen gezogen werden und dies geschieht durch eine Unterscheidung. In diesem Sinne findet Beobachtung immer innerhalb eines Systems statt, also in Selbstreferenz zum entsprechenden System. Daher kann es keinen allgemeinen Wahrheitsanspruch geben. Die Verabschiedung von Objektivität gilt demnach gleichermaßen für die Natur- und Sozialwissenschaften (WARDENGA 2006).

Die Benutzung einer Systemtheorie als Metatheorie enthält daher zusätzlich immer die Reflexion, „für welches System die mittels Beobachtung getroffenen Aussagen gelten" (WARDENGA 2006: 27). Für die beiden Disziplinen folgt daraus, dass man nicht mehr die Systemforschung betreiben kann, die sich auf systemtheoretische Erkenntnisse aus der Mitte des 20. Jahrhunderts bezieht. Die Abwendung von der Allgemeinen Systemtheorie ist klar zu betonen, denn beispielsweise ist die Vorstellung Systeme strebten nach selbstregulierenden Gleichgewichten, also nach Homöostase, nicht mehr angemessen (vgl. EGNER 2008d: 10 und WARDENGA 2006: 29).

1.2 Komplexität

Die Komplexitätstheorie untersucht das Verhalten dynamischer Systeme, die durch Nichtlinearität, Emergenz und sprunghaftes Verhalten gekennzeichnet sind. Besonders deutlich wird der Perspektivwandel in der Geomorphologie. Traditionell wird von einem Paradigma des Gleichgewichts ausgegangen, und zwar in dem Sinne, dass Systeme nach dem thermodynamischen Gleichgewicht streben (WARDENGA 2006). Es besteht aber die basale Frage, ob Systeme der Erdoberfläche weg vom thermodynamischen oder zum linearen Gleichgewicht hin streben. DIKAU (2006) stellt die These auf, dass Gleich- und Nichtgleichgewicht, Stabilität und Labilität, Chaos und Selbstorganisation skalenabhängige Eigenschaften eines Systems darstellen. Daher ist es analytisch wichtig in welcher Raumzeitskala eine Kolonisierung stattfindet und in welcher Skala das System reagiert. Es ist daher von entscheidender Bedeutung wie multiskalige geomorphologische Systeme mit den Skalen des gesellschaftlichen Systems verbunden sind (DIKAU 2006).

Das Konzept des thermodynamischen Gleichgewichts beruht darauf, dass im System nach einer externen „Störungen durch die stabile Gleichgewichtsdynamik ein neues stationäres Gleichgewicht durch die Wirkung negativer Rückkopplung erreicht wird" (DIKAU 2006: 132). Das impliziert, dass der gleiche Einfluss an allen Orten des Systems die gleiche Reaktion zur Folge hat (DIKAU 2006).

Im Nichtgleichgewicht „reagiert das System auf anhaltende kleine Störungen mit dynamischer Instabilität und, im Verhältnis zum Ausmaß der Störung, mit unverhältnismäßig großen und lang anhaltenden Reaktionen" (DIKAU 2006: 134) Solche Systeme sind durch eine instabile Gleichgewichtsdynamik charakterisiert. In dynamischen Systemen können analoge Einflüsse „räumlich multiple Formen der Anpassung" (DIKAU 2006: 134) bewirken. In Abbildung 1 wird versucht die verschiedenen Gleichgewichtszustände mit ihren möglichen Bewegungsrichtungen graphisch darzustellen.

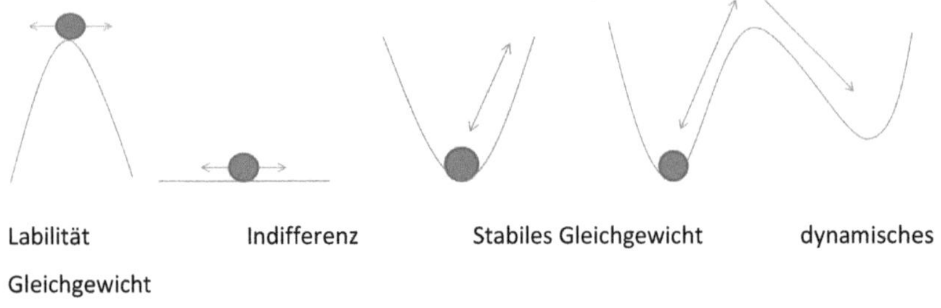

Abbildung 1: Darstellung von Labilität, Indifferenz, Stabilität und dynamischer Instabilität

2.   Moderne Systemtheorie

Die Theorie sozialer Systeme von NIKLAS LUHMANN stellt ein allgemein wie zugleich auch ein spezifisches Theoriegebäude zur Verfügung. Nach LUHMANN (1988: 229 in EGNER 2000: 39) handelt es sich „um eine Welttheorie, die nichts, was es gibt, auslässt." Dabei ist die Systemtheorie als Metatheorie kein direktes Analyseinstrument, sondern eher ein Beobachtungsinstrument. Die Theorie geht mit einer konstruktivistischen Sichtweise an Soziales heran. In der modernen soziologischen Systemtheorie steht aber nicht der Mensch im Zentrum der Betrachtung, denn der Mensch an sich spielt bei LUHMANN eine untergeordnete Rolle. Er besteht sozusagen aus einem psychischen System und biologischen Systemen. Damit wird er in die Umwelt von sozialen Systemen verdrängt. Doch was sind System und Umwelt? Der Ausgangspunkt der Theorie ist die Unterscheidung von System und seiner Umwelt, sodass die Theorie auch als System/Umwelt-Differenztheorie bezeichnet werden kann. Die Theorie will sich mit der gesamten Welt befassen, „gesehen mit Hilfe der spezifischen Differenz, nämlich der von System und Umwelt" (EGNER 2000: 41). Somit ist „Umwelt [...] all das, was nicht System ist" (EGNER 2008c: 90). Umwelt existiert nicht per se, sondern nur als Umwelt eines spezifischen Systems, das heißt jedes System besitzt seine eigene Umwelt. Andere Systeme sind daher auch Umwelt für ein bestimmtes System. Es wird ersichtlich, dass man bei der Verwendung des Umweltbegriffs aufpassen muss: meint man Umwelt als Natur, Umwelt als eigenes System im Verständnis der Ökosystemforschung oder Umwelt als Negativ zum System in der Luhmann'schen Auffassung (EGNER 2008c)? Nun muss noch aufgezeigt werden, was ein System ist.

2.1 Autopoiesis, Form, Beobachtung

Nach LUHMANN erzeugen sich Systeme selbst. Diese Ausdifferenzierung von Systemen geschieht durch die Prozesse der Autopoiesis und der Selbstreferenz (vgl. EGNER 2008c: 66ff). „Autopoietische Systeme sind Systeme, die alle Elemente, aus denen sie bestehen und die sie zur Fortsetzung ihrer Operationen benötigen, selbst produzieren und reproduzieren" (EGNER 2000: 41). Aufgrund dreier spezieller Operationsweisen lassen sich die entsprechend unterschiedlichen Systeme voneinander unterscheiden. „So operieren [- arbeiten -] soziale Systeme mit Kommunikation, psychische Systeme mit Bewusstsein (oder einfach: Gedanken) und biologische Systeme mit Leben (Reproduktion von Zellen)" (EGNER 2006: 96). Kommunikation reproduziert sich auf der Grundlage vorangegangener Kommunikation, und nur auf der Grundlage von Kommunikation und nicht etwa durch Gedanken. Da das System nur über seine Operationsweise verfügt und sich immer nur auf diese beziehen kann, also selbstreferenziell arbeitet, ist es operativ geschlossen und somit autonom. Es ist aber nicht autark, da es von spezifischen Umweltbedingungen abhängig ist. So benötigen wechselseitig soziale Systeme psychische Systeme, die wiederum auf biologische Systeme angewiesen sind, was als strukturelle Kopplung bezeichnet werden kann. In diesem Zusammenhang sind Systeme auf eine stoffliche und energetische Zufuhr angewiesen (EGNER 2008c). Ein selbstreferentielles System kann sich in allen Operationen nur auf sich selbst beziehen. „ Diese intern getroffene Unterscheidung von der Umwelt erfolgt über Selbstreferenz (anders gesagt: über Reflexion, Reflexivität). Selbstreferenz heißt daher nichts anderes als die Beobachtung der Unterscheidung von System und Umwelt" (EGNER 2008c: 61). „Diese operative Schließung ist die Grundlage der Autonomie des jeweiligen Systems und ist damit verantwortlich für die Unterscheidung des Systems von seiner Umwelt" (EGNER 2006: 97). Ob und wie sich ein System von seiner Umwelt irritieren lässt, wird autonom entschieden. Irritationen entstehen durch den systeminternen Abgleich mit bestehenden Strukturen, also Erwartungen. Somit sind Irritationen systemeigene Konstrukte (LIPPUNER 2008).

SPENCER-BROWN zeigt auf, dass die Mathematik auf einen einfachen Dualismus verringert werden kann. Etwas gelangt zum Dasein, indem eine Unterscheidung durchgeführt wird. Die

Welt existiert zunächst nicht, sondern sie wird erst durch unsere Beobachtung, also durch eine Unterscheidung, hergestellt. Anders gesagt kommt nichts zur Existenz, wenn nichts unterschieden wird. Dabei bezeichnet der Begriff Form „die Einheit der Differenz der beiden Seiten" (EGNER 2006: 98), was auch immer die beiden Seiten sind. Eine Unterscheidung markiert dabei die Grenze bzw. die Beschreibung einer Sache und dessen, was sie nicht ist. Es kann zu einem Zeitpunkt immer nur eine Seite der Form aktualisiert werden, sodass immer nur eine Seite als Ausgangspunkt für weitere Operationen dienen kann. Ein Wechsel zur anderen Seite braucht somit immer Zeit. Bezogen auf LUHMANNS Systemtheorie bedeutet dies, dass System und Umwelt zwei Seiten einer Form darstellen. Eine exakte Ortsbestimmung von Objekten, Zuständen usw. ist nicht möglich, da alles vorkommende stets einem System angehört und dabei Teil der Umwelt anderer Systeme ist. Was zum jeweiligen System gehört ist beobachtungsabhängig, also abhängig von einer Unterscheidung. Folglich ist Beobachten eine Auswahl aus allem Erdenklichen (EGNER 2006).

Wie schon angeklungen bedeutet Beobachten im Sinne LUHMANNS eine Unterscheidung anzuwenden, damit eine Seite bezeichnet wird und als Anknüpfungspunkt für weitere Operationen fungieren kann. Beobachtung findet in allen Systemtypen statt: im sozialen als Kommunikation, im psychischen als Gedanke, im biologischen als Zelloperation. Die Anwendung einer einfachen Unterscheidung wird als Beobachtung 1. Ordnung bezeichnet. Von Beobachtung 2. Ordnung spricht man, wenn Beobachter Beobachter beobachten. Dies ist z.B. auch die Beobachtung der eigenen Entscheidungen. Dabei entsteht viel Kontingenz, was bedeutet es kann immer auch anders sein, sodass alle anderen möglichen Unterscheidungen der Beobachtung 1. Ordnung mitgedacht werden müssen (EGNER 2006). Es wird ersichtlich, dass nie die gesamte Welt gleichzeitig beobachtet werden kann. Ferner kann Beobachtung immer nur vom System aus, in Selbstreferenz, stattfinden. Daher kann es keinen Beobachtungspunkt geben, von dem aus objektiv beobachtet werden kann. Einen allgemeinen Wahrheitsanspruch kann es nicht geben. Eine systemtheoretische Beobachtung verlangt daher eine Reflexion darüber, welche Aussagen für welches System oder für welche Umwelt gelten. Für die Wissenschaft ist eine Betrachtung unter wahr/ unwahr nur gültig, wenn eine Aussage eine angemessene Darstellung der Operation eines System oder der dazugehörigen Umwelt wiedergibt, wobei die Unterscheidung in wahr und unwahr nur als eine mögliche anzusehen ist (EGNER 2008c).

2.2 Grenzen der Steuerung

Ein System kann ohne seine Umwelt nicht bestehen, denn es erzeugt sich durch das Ziehen der Grenze selbst. Die Umwelt kann aber keineswegs über das System bestimmen, sondern die Umwelt kann das System nur irritieren. Anders formuliert erzeugt die Umwelt Rauschen bzw. noise. Was als Information vom System aufgenommen wird bzw. was als order from noise unterschieden wird, obliegt der Autonomie des Systems. Für das Beispiel Klimawandel bedeutet dies, dass Erkenntnisse aus dem Teilsystem Wissenschaft nicht direkt im Teilsystem Politik zu Entscheidungen führen, da beide Teilsysteme autopoietisch und selbstreferentiell arbeiten. Ferner besitzt jedes Teilsystem eine spezifische Leitdifferenz, was einen binären Code darstellt. Mithilfe dieses Codes beobachtet ein System seine Operationen, sodass es erkennen kann, welche Operationen zur Reproduktion beitragen. So arbeitet das System Wissenschaft mit dem Code wahr/unwahr und das System Politik mit dem Code Regierung/Opposition. Demnach wird auch jede Kommunikation anderer Teilsysteme unter dem spezifischen Code betrachtet, was nochmal unterstreicht, dass die Teilsysteme nicht direkt miteinander kommunizieren, sondern sich nur irritieren können. Da die Systeme rein selbstbezüglich sind, lassen sie sich nur ungern irritieren und das wohl nur ungern durch die „Natur", da sie selbst nicht an der Kommunikation teilnehmen kann (EGNER 2008b).

Ein System hat zwei Strategien zur Verfügung wie es auf Irritationen reagieren kann: zum einen durch Rückgriff auf Bekanntes, also Erhalt der bestehenden Strukturen, und zum anderen durch Zulassen von neuen Entscheidungen und Möglichkeiten. Beide Strategien können die Systemstabilität verbessern oder schwächen. Dem System geht es auch ausschließlich um seine Stabilität, da sein Ziel immer die Selbsterhaltung ist (EGNER 2008b).

Konkret für das Beispiel Klimawandel besteht die Frage warum die wissenschaftlichen Ergebnisse nur langsam in der Gesellschaft Gehör finden. Die Wissenschaft stellt viele Informationen für die Politik bereit. Es wird viel Rauschen erzeugt, sodass die Politik nicht mehr erkennt, was relevant ist. Der Stern Report von 2006 erzeugte nun viel Resonanz. Die wissenschaftlichen Erkenntnisse wurden in die Ökonomie übertragen. Die große Resonanz ist damit zu erklären, dass die Wirtschaft einen hohen Einfluss auf die Gesamtgesellschaft hat. Al Gore transformierte die wissenschaftlichen Befunde mit seinem Film in Schaublider und Animationen für eine große Öffentlichkeit. Der Klimawandel wurde zu einem großen Thema in der Gesellschaft. Es wird ersichtlich, dass die Aufgabenteilung in der modernen funktional differenzierten Gesellschaft die Lösung großer Probleme erschwert, da jedes Teilsystem Lösungsvorschläge, die aus ihrer spezifischen Leitdifferenz hervorgehen, bereithält. Es gibt schlicht zu viele Lösungsmöglichkeiten und kein übergeordnetes Teilsystem, welches entscheidet (EGNER 2008b).

2.3 Integration der Geographie über Systemtheorie?

Die klare Trennung der Begriffe Gesellschaft und Umwelt bringt den Vorteil, dass die Interaktionen zwischen natürlichen Systemen und der Gesellschaft betrachtet und analysiert werden können. Die ökologische Sichtweise hingegen sieht Gesellschaft und Umwelt als hybrides System. Aus Sicht der Systemtheorie können hierbei keine Beziehungen untersucht werden, da keine Unterscheidung durchgeführt wurde. Die Gesellschaft kann durch Kommunikation die materielle Umwelt nicht verändern. Sie ist auf die strukturelle Kopplung mit psychischen und biologischen Systemen angewiesen. Aufgrund dieser komplizierten Kopplungen erscheint es unwahrscheinlich, dass die Wirkungen in der materiellen Umwelt den Absichten der Kommunikation entsprechen. Die Systemtheorie kann ökologische Probleme nicht direkt lösen, aber es wird ersichtlich, dass es sich um Kommunikationsprobleme handelt. Daher ist neben der naturwissenschaftlichen Analyse natürlicher System die Untersuchung der Bedingungen nötig, unter denen Prozesse der Umwelt in der Gesellschaft Resonanz erzeugen (LIPPUNER 2008).

Die Systemtheorie nach LUHMANN stellt ein Beobachtungsinstrument bereit, wobei der Standpunkt des Beobachters stets mit einzubeziehen ist. Mit ihrer Hilfe ist eine Betrachtung der Beziehungen zwischen der Gesellschaft, dem Menschen und der Umwelt aus der Perspektive der Gesellschaft möglich. Wie oben aufgezeigt ist es die Gesellschaft, die sich selbst gefährdet, was eine sozialwissenschaftliche Herangehensweise an ökologische Probleme erfordert. „Die Theorie [mit dem Anspruch alles zu erfassen] bietet sowohl die erforderliche Bandbreite an Analysemöglichkeiten zwischen Makro- und Mikrobereich, als auch einen gleichzeitig theorieabhängigen und beobachtungsabhängigen Zugang für die Analyse" (EGNER 2008c: 51). Zudem ist die Anschlussfähigkeit an etliche Fachdisziplinen gegeben. Jedoch kann aktuell noch nicht von Inter- oder Intradisziplinarität zwischen Geographie, Soziologie und Psychologie usw. beziehungsweise zwischen Human- und Physiogeographie gesprochen werden (EGNER 2008c).

3. Komplexitätstheorie

Die Komplexitätstheorie ist hauptsächlich in den Wissenschaften Informatik, Physik und Chemie ansässig. Sie versucht nichtlineares Verhalten von Systemen zu erklären. Dabei verwendet sie mathematische Beschreibungen und schildert, wie aus lokalem, wiederholtem Zusammenwirken von Systemteilen Formen entstehen und sich wandeln. Die Theorie findet in allen Wissenschaften Anwender, wenn es um Vielteilchensysteme mit nichtlinearem Verhalten geht (RATTER 2006). Es werden meist nicht die mathematischen Formeln verwendet, sondern die metaphorischen Auffassungen, speziell in die Geographie, transportiert (EGNER 2008c).

Komplexität beschreibt das Systemverhalten, das sich aus der Interaktion der Elemente zusammensetzt. Komplex bezeichnet genauer, dass sich aus lokalen Interaktionen vieler Teile globale Strukturen und Formen bilden, sodass Komplexität als ein Werden aufgefasst werden kann. So besitzen eine bewegte Sandmasse, eine Wolkenformation oder der Straßenverkehr komplexes Verhalten. Da Feinheiten der Randbedingungen zur Zeit t_0 für den Zustand zur Zeit t_1 entscheidend sind, wäre eine enorme Messgenauigkeit nötig. Von Bedeutung ist daher die Kenntnis der entscheidenden Systemeigenschaften, um sagen zu können unter welchen Bedingungen ein Ereignis eintreten kann, was einen großen Mehrwert für die Geographie birgt (RATTER 2006). Mitentscheidend ist, dass das Auftreten und Verschwinden von Ordnung nicht von außen auferlegt werden, sondern durch Selbstorganisation herbeigeführt wird. An speziellen Wendepunkten der Systemgeschichte kann es irreversible Entscheidungen geben, welcher Entwicklungspfad eingeschlagen wird. Kleine Veränderungen der Interaktionen können die Systemgeschichte verändern. Das heißt, kleine Variationen der Trajektorie (Verlaufsbahn der Systemgeschichte) können zu enormen Wirkungen und Überraschungen führen (RATTER 1998).

3.1 Komplexität und Emergenz

Der Begriff Komplexität[1] wird nicht einheitlich verwendet. Oft wird er als populäre Bezeichnung für eine sehr komplizierte Sache herangezogen. Letztlich basiert die Auffassung

---

[1] Eine Kombination vom LUHMANNSCHEN Komplexitätsverständnis mit dem der Komplexitätstheorie wird in EGNER (2008c) 80ff versucht.

von Komplexität auf der Betrachtung der Systemstruktur oder auf der Betrachtung des Systemverhaltens. Je größer die Zahl der Teile und je mehr Beziehungen zwischen den Teilen bestehen, desto strukturkomplexer ist ein System. Dem liegt ein quantitativer Ansatz zugrunde, wobei die Komplexität darin besteht die gesamten Parameter zu erfassen. Es geht um Komplexitätsreduktion, da die Schlüsselvariablen entscheidend sind. Bei der Verhaltenskomplexität hingegen spielen die quantitativen Merkmale eine untergeordnete Rolle. Entscheidend sind die qualitativen Systemmerkmale und das Systemverhalten. Komplexität entsteht aus den Eigenschaften, die durch nicht-lineare Prozesse zu Emergenzen führen, also zu neuen Eigenschaften, die nicht aus den Eigenschaften der Systemelemente abgeleitet werden können. Demnach lässt sich ein komplexes System nicht reduzieren. Anders gesagt kann auch bei Kenntnis aller Systemteile und deren Eigenschaften nicht vorhergesagt werden wie sich das System langfristig verhalten wird. Komplexität ist gegeben, wenn das System über die Schlüsseleigenschaften Dynamik, Emergenz und Nichtlinearität verfügt, sodass der Vergangenheitsabhängigkeit und möglichen Verhaltenssprüngen in der Systemgeschichte Rechnung getragen werden (RATTER 2008). So ist zum Beispiel ein Auto sehr kompliziert aufgebaut, zeigt aber kein komplexes Verhalten, da die Funktionsweise klar vorgegeben ist. Ein Doppelpendel (Abbildung 2) hingegen ist sehr einfach im Aufbau, aber zeigt komplexes Verhalten, sodass die Pendelbewegungen nicht langfristig vorhergesagt werden können (vgl. EGNER 2008d).

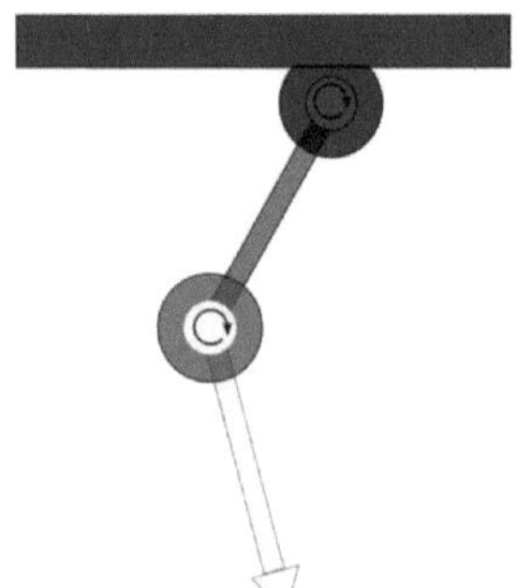

Quelle: de.academic.ru/dic.nsf/dewiki/347199 15.07.2010

Abbildung 2: Schematische Darstellung des Doppelpendels

Aus dem Zusammenwirken der Systemelemente kann sich das Phänomen der Emergenz entwickeln. Dabei entstehen neue Strukturen oder Eigenschaften, was einen „qualitativen Sprung innerhalb eines Systems" (EGNER 2008a: 40f) bezeichnet. Einfache Regeln können zu komplizierten Strukturen führen, wobei kleine Abweichungen der Regeln zu verschiedenen Strukturen führen. Das Verhalten des Ganzen kann sich gänzlich anders darstellen als das Verhalten der einzelnen Elemente. Als Beispiel können wir einen Verkehrsstau betrachten. Jeder einzelne Autofahrer hat seine Regeln, wie er fährt. Allein aus dem Wissen über die Eigenschaften der Fahrer kann nicht vorhergesagt werden, ob oder wann es zu einem Stau, auch ohne Unfall o.ä., kommt. Das emergente Verhalten ist demnach mit Nichtlinearität, also mit überraschenden Sprüngen, eng verknüpft (RATTER 2006).

3.2 Adaptives Management

Mithilfe der Kenntnisse über Vergangenes wird versucht das Heutige zu erfassen, was als Grundlage für zukünftige Planung dient. Aber genau dieses Denken in linearen Kausalitäten verhindert sich auf Überraschungen im Systemverlauf einzustellen. Planung mit dem Ziel Sicherheit zu erzeugen muss scheitern, da in komplexen Systemen mit Nichtlinearitäten gerechnet werden muss. Die angesprochene Historizität eines jeden Systemverlaufs muss ebenso berücksichtigt werden. Planung muss folglich die Dynamik des Systems mit berücksichtigen, sodass aus Planung mit festen Zielsetzungen ein Management mit an den Systemverlauf angepasstem Verhalten wird (RATTER 2008). Wie oben aufgezeigt spielt die wiederholte Anwendung von einfachen Regeln auf lokaler Maßstabsebene eine große Rolle für das Systemverhalten. Daher müssen die sogenannten Agenten, die lokal wirken, und die mit eingeschränktem, wiederholendem Handeln systemverändernden Charakter besitzen, Eingang in die Planung finden. Der Agent besitzt folglich kein Wissen über das gesamte System, er hat nur einen kleinen Zuständigkeitsbereich. Der Agentenbegriff ist vom Akteursbegriff, der als Oberbegriff im Sinne von Handelnder zu sehen ist, abzugrenzen. Mögliche Agenten sind „ökonomische Individuen, Unternehmen, Technologien, Ideen" (RATTER 1998: 174). So sollte Ziel sein, dass z.B. die Managementziele von der betreffenden Bevölkerung als Bestandteil ihrer Kultur angenommen werden, da jeder Beteiligte als Mitspieler aufzufassen ist (RATTER 1998). Bei handlungstheoretischen Untersuchungen gilt es die bewusst das System beeinflussenden Akteure zu betrachten. Die Komplexitätstheorie macht aber deutlich, dass nicht nur diese Akteure sondern ebenso die Rolle einzelner Systemkomponenten für die Systementwicklung entscheidend sind (RATTER 2006).

3.3 Das Integrationspotential

Einsichten und Begrifflichkeiten der Komplexitätstheorie sind als Metaphern in Geographie übertragbar. Teilweise sind auch direkte Erkenntnisse in Geographie z.B. für Modellierungen in GIS und Geomorphologie übertragbar. Mensch, Gesellschaft und Umwelt sind so stark miteinander gekoppelt, sodass ein Rückgriff auf nichtlineare, komplexe Systembeschreibungen notwendig ist. Aktuell werden mit der Theorie physiogeographische und humangeographische Fragestellungen erfolgreich bearbeitet, jedoch führen die dabei vorgenommenen Modellierungen noch ein vom Rest der Disziplin isoliertes Dasein (für Beispiele vgl. RATTER 2006: 119). Ferner erlaubt die Komplexitätstheorie die Betrachtung von Systemen, die sich fernab von thermodynamischen Gleichgewichten bewegen. Die Begriffe Komplexität, Emergenz und Skalenabhängigkeit (dazu vgl. DIKAU 2006) erlauben zudem die Verbindung von Mikro- und Makroebene. Eine Betrachtung unter Nichtlinearität, Überraschung und Selbstorganisation führt zur Hinterfragung des Stabilitätsdenkens, was für Natur- wie Sozialsysteme wertvoll sein kann. Wie unter 3.2 aufgezeigt kann die Komplexitätstheorie helfen starre Planungskonzeptionen aufzubrechen, um die dynamischen Mensch-Gesellschaft-Umwelt-Interaktionen systematisch beeinflussen zu können. Das Arbeiten an diesen gekoppelten Systemen ist nicht nur von theoretischem Interesse, sondern hat ebenfalls einen praktischen Mehrwert. So ist zum Beispiel ein neuer Zugang zu Umweltschutz und Ressourcenmanagement möglich. Es zeigt sich, dass ein erleichterter Zugang zu physisch- und humangeographischen Problemen möglich ist (RATTER 2006).

4.   Fazit

Die strenge Determiniertheit wie sie in den Kausalitätstheorien angenommen wird ist in einer modernen Wissenschaft nicht mehr anwendbar. Daher bietet möglicherweise eine Systemtheorie die Chance auf ein uniformes Vokabular, um dem Kausalnexus begegnen zu können. Die Trennung vom Kausaldenken erfordert aber einige Denkleistung und bringt einige wissenschaftstheoretische Probleme mit sich: wie geht man mit einer Rückwirkung von einer Wirkung auf eine Ursache um? Wie gelangt man zu Formulierungen, die nicht auf einer Sprache mit einem zugrundeliegenden Kausalverständnis aufbauen (RATHMANN 2008)?

Die Systemtheorien bieten eine Chance auf eine gemeinsame Sprache, denn sie können die Grundlage für ein anschlussfähiges Begriffs- und Beobachtungsinstrumentarium bilden. Aktuell bestehen aber verschiedene Auffassungen von System und Umwelt, sodass eine „Ein-Codierung auf eine gemeinsame Sprache" (EGNER 2008d: 18) oder zumindest Übersetzungsmöglichkeiten nötig sind. So stellt DIKAU (2006) ebenfalls fest, dass zwar viel mit dem Begriff Komplexität gearbeitet wird, aber es wird nicht klar gekennzeichnet welches Komplexitätsverständnis verwendet wird. Die Geomorphologie als Beispiel arbeitet noch mit den Gedanken der Allgemeinen Systemtheorie, wobei das System vom Beobachter konstruiert wird. Neuere Konzepte wie Autopoiesis und Selbstreferenz sind bisher noch nicht auf ihre Übertragbarkeit in die Disziplin getestet worden, was die Notwendigkeit weiterer theoretischer Diskurse und Arbeiten aufzeigt (VON ELVERFELDT 2008).

Es muss noch viel Überzeugungsarbeit in beiden Lagern der Geographie geleistet werden, damit es zu integrativen Konzepten und Projekten kommt. Damit alle Beteiligten auf eine Denkweise eingestimmt werden, ist zunächst eine intensive Auseinandersetzung mit den Theorien nötig, was nicht die einfachste Denkleistung darstellt. Beide Teilbereiche der Geographie müssen sich bewegen: die Humangeographen müssen anerkennen, dass ihre Gegenstände rechnerisch-technisch modelliert werden können. Sie müssen aber auch die begrenzte Aussagekraft von Modellen bedenken. Die Physiogeographen müssen akzeptieren, dass die Welt nur bedingt durch Wahrnehmung erschließbar ist, bzw. dass die Welt erst durch die Wahrnehmung konstruiert wird (EGNER 2006).

Ein praxisnaher Nutzungsbereich kann sein, dass die „Geographie als eine Übersetzerin zwischen den Codes verschiedener gesellschaftlicher Teilsysteme" (KLÜTER 2006: 37) fungiert. Sie kann als Vermittler z.B. zwischen der Wissenschaft, der Wirtschaft und der Politik aktiv werden, um damit die Kommunikation zwischen den Teilsystemen über Lösungsvorschläge zu vereinfachen. Leider führt KLÜTER (2006) diesen Gedanken aber nicht weiter aus. Streng systemtheoretisch gedacht kann es keinen direkten Vermittler oder Übersetzer geben, da jedes soziale System aufgrund seiner Selbstreferenz nur auf einen Code zurückgreifen kann.

Da die Ausbildung von Lehrern eine zentrale Rolle in der Geographie spielt, muss beleuchtet werden ob und wie in der Schule mit Systemdenken und Komplexität umgegangen wird. Die Vermittlung von Raumverhaltenskompetenz ist die höchste im Unterricht angestrebte

Qualifikation. Damit Wahrnehmungsfähigkeit oder ökologische Verantwortung erlernt werden können, müssen die Schüler und Schülerinnen verstehen, dass

die Welt aus Systemen und Subsystemen aufgebaut ist, wobei die Veränderung kleiner Elemente zu großen Wirkungen für das Gesamtsystem führen kann. Verantwortungsbewusstsein fußt auf der Erkenntnis, dass Handlungen irreversible Entwicklungen verursachen können (KLAUS 1998).

Literaturverzeichnis

DIKAU, RICHARD (2008): Vorwort. In: EGNER, HEIKE; BEATE M.W. RATTER und DIKAU, RICHARD (Hrsg.): Umwelt als System- System als Umwelt. Systemtheorien auf dem Prüfstand. München: 39-54.

DIKAU, RICHARD (2006): Komplexe Systeme in der Geomorphologie. Mitteilungen der Österreichischen Geographischen Gesellschaft, 148, S. 125- 150.

EGNER, HEIKE (2008a): Komplexität. Zwischen Emergenz und Reduktion. In: EGNER, HEIKE; BEATE M.W. RATTER und DIKAU, RICHARD (Hrsg.): Umwelt als System- System als Umwelt. Systemtheorien auf dem Prüfstand. München: 39- 54.

EGNER, HEIKE (2008b): Planen, beeinflussen, verändern… Zur Steuerbarkeit autopoietischer Systeme. In: EGNER, HEIKE; BEATE M.W. RATTER und DIKAU, RICHARD (Hrsg.): Umwelt als System- System als Umwelt. Systemtheorien auf dem Prüfstand. München: 137- 155.

EGNER, HEIKE (2008c): Gesellschaft, Mensch, Umwelt - beobachtet: ein Beitrag zur Theorie der Geographie. In: Erdkundliches Wissen 145.Stuttgart

EGNER, HEIKE UND BEATE RATTER (2008d): Einleitung: Wozu Systemtheorie(n). In: EGNER, HEIKE; BEATE M.W. RATTER und DIKAU, RICHARD (Hrsg.): Umwelt als System- System als Umwelt. Systemtheorien auf dem Prüfstand. München: 9-22.

EGNER, HEIKE (2006): Autopoiesis, Form und Beobachtung - Die Luhmann'sche Systemtheorie und ihr möglicher Beitrag für eine Integration von Human- und Physiogeographie. Mitteilungen der Österreichischen Geographischen Gesellschaft, 148, S. 92 - 108.

EGNER, HEIKE (2000): Trend- und Natursport als System. Die Karriere einer Sportlandschaft am Beispiel Moab, Utah. Mainz

ELVERFELDT, K. und M. KEILER (2008): Offene System und ihre Umwelt. Systemperspektiven in der Geomorphologie. In: EGNER, HEIKE; BEATE M.W. RATTER und DIKAU, RICHARD (Hrsg.): Umwelt als System- System als Umwelt. Systemtheorien auf dem Prüfstand. München: 75- 102.

KLAUS, DIETER (1998): Systemtheoretische Grundlagen räumlicher Komplexität. Forschungsstand und Unterrichtsbeispiele. In: Geographie und Schule, Heft 116/1998, S. 2-17

KLÜTER, HELMUT (2006): Ein Systemtheoretischer Ansatz in der Humangeographie. In: RÖDEL, RAIMUND (Hrsg.): Beiträge zum 16. Kolloquium Theorie und Quantitative Methoden in der Geographie: gemeinsame Tagung der Arbeitskreise AK Theorie und Quantitative Methoden in der Geographie und AK Geographische Informationssysteme in der Deutschen Gesellschaft für Geographie (DGfG); Kooperation und Integration. Greifswald

LIPPUNER, ROLAND (2008): Die Abhängigkeit unabhängiger Systeme. Zur strukturellen Kopplung von Gesellschaft und Umwelt. In: EGNER, HEIKE; BEATE M.W. RATTER und DIKAU, RICHARD (Hrsg.): Umwelt als System- System als Umwelt. Systemtheorien auf dem Prüfstand. München: 103-118.

RATHMANN, JOACHIM (2008): Kausalität in der Systemtheorie: Ein Problemaufriss. In: EGNER, HEIKE; BEATE M.W. RATTER und DIKAU, RICHARD (Hrsg.): Umwelt als System- System als Umwelt. Systemtheorien auf dem Prüfstand. München: 55-74.

RATTER, BEATE und THOMAS TREILING (2008): Komplexität – oder was bedeuten die Pfeile zwischen den Kästchen? In: EGNER, HEIKE; BEATE M.W. RATTER und DIKAU, RICHARD (Hrsg.): Umwelt als System- System als Umwelt. Systemtheorien auf dem Prüfstand. München: 23-38.

RATTER, BEATE (2006): Die Komplexitätstheorie und ihr Beitrag zur Begründung integrativer Projekte. Mitteilungen der Österreichischen Geographischen Gesellschaft, 148, S. 109 - 124.

RATTER, BEATE(1998): Der Beitrag der Komplexitätstheorie zum Ressourcenmanagement am Beispiel des Niagara Escarpments in Südontario, Kanada. In: Geographische Zeitschrift, 86, S. 171- 183

WARDENGA, UTE und PETER WEICHHART (2006): Sozialökologische Interaktionsmodelle und Systemtheorien. Ansätze einer theoretischen Begründung integrativer Projekte in der Geographie?. Mitteilung der Österreichischen Geographischen Gesellschaft, 148, S. 9- 31.

ZIERHOFER, WOLFGANG (2008): Strukturelle Kopplung und die „Autonomie" des Sozialen. In: EGNER, HEIKE; BEATE M.W. RATTER und DIKAU, RICHARD (Hrsg.): Umwelt als System- System als Umwelt. Systemtheorien auf dem Prüfstand. München: 119- 136.